OBSERVATIONS
SUR
L'AIR,

Par Mr. BERTHOLLET,
Docteur en Médecine.

Chacun a dit ſon mot : on a long-tems rêvé,
Le vrai ſens de l'énigme eſt-il enfin trouvé ?
VOLT. *De la nature de l'homme.*

Se trouve à PARIS,
Chez P. FR. DIDOT le jeune, Libraire,
Quai des Auguſtins.

M. DCC. LXXVI.

OBSERVATIONS

SUR L'AIR.

PREMIERE PARTIE.

HALES a retiré d'un pouce cubique de tartre brut (1) 504 pouces cubiques d'air ; il falloit rechercher si cette prodigieuse quantité d'air appartenoit à l'acide tartareux (2). Pour cet effet, je pris deux onces d'acide tartareux dans une petite cornue à laquelle j'adaptai un ballon

(1) Statique des végétaux, chap. VI.

(2) Voyez sur la préparation & les propriétés de cet acide, le Journal de physique, Février 1776.

à deux tubulures dont l'une étoit verticale: après avoir échauffé la cornue & le ballon bien luttés pour en chasser une partie de l'air atmosphérique, j'attachai à la tubulure verticale une vessie vide d'air; je ménageai bien le feu: d'abord il passa un peu de liqueur, ensuite une substance qui avoit toute l'apparence d'un beurre jaune qui remplissoit le col de la cornue & qui pendoit jusqu'au fond du ballon; pendant ce tems-là il se dégageoit un peu d'air: ayant augmenté le feu, la matiere butireuse se fondit en donnant des vapeurs blanches qui remplirent promptement la vessie, & il se dégagea beaucoup plus de ces vapeurs qu'elle n'en pouvoit contenir. Je trouvai dans la cornue un gros & demi de charbon qui verdissoit un peu le syrop de violettes & qui ressembloit au noir de fumée.

La matiere butireuse avoit presqu'entierement disparu, & la liqueur acide que je trouvai dans le ballon fit beaucoup d'effervescence avec l'alkali, mais elle ne forma point du tartre avec lui. Le sel neutre qui résultoit de cette combinaiſon ne criſtalliſa point : il forma par le deſſéchement une maſſe jaune d'un goût piquant, qui brûloit mieux que le tartre, & dont le réſidu, après la combuſtion, étoit peu charbonneux.

Je conclus de mon expérience que l'acide tartareux poſſédoit l'air qui ſe trouve dans le tartre, & que cet acide privé d'air en tout ou en partie, faiſoit des ſels tout différens des ſels tartareux.

Cette expérience demandoit plus d'exactitude, & il falloit examiner les propriétés de cet air pur. Je diſtillai donc deux onces d'acide tartareux, en adaptant à la cornue le petit récipient d'étain qui ſert dans la machine de Hales corrigée par M. Rouelle. On ſait que ce récipient a un grand tube vertical : j'attachai au bout de ce tube une veſſie que j'avois bien privée d'air par la preſſion : j'échauffai d'abord lentement la cornue ; bientôt je bruſquai le feu ; l'acide ſe mit à bouillir, & il en avoit paſſé dans le récipient une petite portion, lorſque, comme une fusée qui s'élance avec rapidité, des vapeurs blanches vinrent gonfler la vessie qui étoit de la contenance de près de six pintes : elles se firent heureusement jour à travers la ligature & se perdirent en quantité, sans quoi l'appareil auroit éclaté. Ce sifflement, cette espèce d'explosion ne dura pas une minute, & la cornue se trouva remplie d'un charbon.

J'avois promptement arraché la vessie ; j'examinai mon air ; j'en fis passer par le moyen d'un tube dans une bouteille remplie d'eau & renversée sur une jatte d'eau, ou pour ne point faire de description inutile, j'employai le moyen dont on se sert pour faire l'eau aërée. L'air fut absorbé comme de l'air fixe, l'eau prit le goût de l'eau aërée, précipita l'eau de chaux, présenta enfin toutes les propriétés de l'eau imprégnée de l'air qu'on retire de la craie & des alkalis. L'espèce d'air que j'avois obtenu de l'acide tartareux est donc ce qu'on appelle de l'air fixe.

Le récipient contenoit deux gros de liqueur acide : le charbon pésoit deux gros ; il verdissoit un peu le sirop de violettes. L'ayant mis dans un creuset au milieu des charbons ardens, une petite flamme voltigea long-tems à sa surface, après quoi il se trouva réduit à un petit volume : ses cendres ne peserent que 45 grains, elles perdirent en les lessivant 20 grains, & la liqueur lessivée fit effervescence avec un acide.

Je suppose qu'il se soit perdu un gros de liqueur, sur 16 gros d'acide, voilà déja 11 gros d'air fixe ; mais la liqueur qui avoit passé avant que la chaleur fut assez considérable pour opérer la décomposition de l'acide tartareux, étoit indubitablement, pour la plus grande partie, un acide tartareux privé seulement en partie de son air, puisque dans la premiere opération où j'ai plus ménagé le feu, j'ai eu beaucoup plus de cette liqueur & moins de charbon ; & l'on peut raisonnablement revendiquer le tiers du poids de cette liqueur pour l'air fixe : c'est donc douze gros d'air fixe.

Ce ne peut être qu'une huile qui ait donné le charbon très-volumineux & très-inflammable qui est resté dans la cornue, ou plutôt il faut le regarder comme une huile à demi décomposée, dont la partie la plus fluide a passé dans le récipient & a servi à former avec l'air fixe cette liqueur acide qui fait avec l'alkali un sel soluble tout différent du tartre.

Je conclus que l'acide tartareux n'est que l'air fixe uni à une petite portion d'huile.

J'ai dit que le résidu du charbon avoit perdu 20 grains par la lessive; je laisse cinq grains pour la terre qui a demeuré attachée au filtre, ou que l'alkali a fait passer avec lui, c'est 15 grains d'alkali fixe, dont $\frac{5}{18}$ étoient d'air fixe & qui étoient dûs probablement en entier au tartre & au nitre qui se trouvoient dans l'acide tartareux, lequel contenoit donc environ dix grains de ces sels par once. Il n'avoit pas toute la pureté qu'il est possible de lui donner; car on peut en avoir qui ne contienne que deux ou trois grains de sels étrangers par once : alors il est jaune & transparent ; mais pour cela, il faut qu'il ait été suffisamment évaporé & qu'il soit préparé depuis long-tems, afin qu'il ait fait tout son dépôt. (1) Pour faire cette expérience avec succès, il faut un acide tartareux bien déphlegmé, & il faut pousser le feu aussi promptement que la cornue peut le permettre. C'est l'affaire d'un moment.

(1) L'on a joint, en trahissant la confiance, au Mémoire que j'ai donné sur cet acide, des notes auxquelles je ne réponds pas, parce que je ne sais point trouver de sens à quelques-unes, & que je laisse juger les autres par ceux qui se donneront la peine de répéter mes expériences. On trouvera de l'acide tartareux chez Mr. Cluzel, premier Apothicaire de Mgr. le Duc d'Orléans, au Palais Royal.

Je saisis avec empressement cette occasion d'avertir que les expériences que j'ai données sur la distilation de l'acide tartareux & de l'esprit de vin, faites sur de trop petites quantités, ont besoin d'un nouvel examen. J'ai reconnu qu'en faisant bouillir long-tems un peu de crême de tartre dans l'eau de chaux, cette eau devient alkaline, comme Mrs. Duhamel & Grosse l'avoient dit.

Le résidu de l'air que j'avois éprouvé, étoit plus considérable que celui de l'air fixe ordinaire ; mais l'air fixe en s'échappant sous la forme de vapeurs condensées, avoit dû chasser devant lui l'air qui étoit contenu dans la cornue & le récipient : outre cela, il devoit y avoir une petite portion d'air fournie par le peu de nitre, ainsi il y a apparence que ce résidu étoit tout-à-fait étranger à l'acide tartareux ; d'ailleurs l'air fixe de l'acide tartareux ne fut-il pas absolument pur, cela ne changeroit rien à mes résultats. La seule chose que j'aye éprouvé sur ce résidu, c'est qu'il n'est pas inflammable.

Il sera difficile de faire l'expérience avec plus de précision, parce qu'elle exige une cornue d'une certaine grandeur à cause de l'abondance du charbon, & un récipient pour recevoir la liqueur.

On a douté long-tems de l'acidité de l'air fixe ; il suffisoit cependant pour s'en convaincre, de l'éprouver avec la teinture de tournesol, car il la rougit parfaitement. Les expériences de Mr. le Duc de Chaulnes & de Mr. Bewly (1) mettent hors de doute qu'elle ne dépend point des acides qu'on emploie pour dégager l'air fixe, puisque lorsqu'on éprouve celui qui se dégage par la fermentation, ou lorsqu'on le retire par le moyen de la chaleur seule, il présente les mêmes propriétés, & l'on ne sauroit plus être de l'avis de Mrs. Landriani (2) & Fontana (3).

En donnant à l'air fixe un tiers de pesanteur de plus qu'à l'air commun, il se trouve concentré plus de 700 fois au-dessous du volume de l'acide tartareux dont la gravité spécifique est fort considérable, & par conséquent il en fait toute la qualité saline, quelque foible acide qu'il soit dans son état naturel. Une telle concentration en feroit sans-doute un acide plus

(1) Experiments and observations, vol. II; the appendix.

(2) Ricerche fisiche intorno alla salubrità del aria.

(3) Ricerche fisiche sopra l'aria fissa.

puissant, s'il n'étoit émoussé par l'huile à laquelle il est uni.

L'acide tartareux doit avoir des rapports avec les autres acides végétaux : comparons-les, & tâchons de reconnoître aussi les principes de ces derniers.

Mr. Priestley qui donne facilement le nom d'air aux vapeurs, parle d'un air végétal (1) qui n'est, comme il le reconnoît, qu'un vinaigre radical réduit en vapeurs, qui prend l'état de liqueur dès qu'on lui présente un peu d'eau ; mais j'ai séparé les principes du vinaigre.

Dans la terre foliée de tartre, le vinaigre dégagé de l'eau étrangere se trouve uni à l'alkali fixe privé d'air. C'est d'elle que je me suis servi.

J'en ai distillé une once dans le même appareil dont je m'étois servi dans ma derniere distilation. Je ne vois dans les commencemens passer que quelques goutes de liqueur : il faut un feu soutenu & assez

(1) Experiments and observations, vol. II. of vegetable acid air.

fort, pour que j'apperçoive quelque chose dans la vessie de six pintes ; mais enfin il se dégage de l'air & la vessie se remplit promptement, quoiqu'avec beaucoup moins de rapidité que dans la décomposition de l'acide tartareux : j'examine cet air ; je trouve qu'environ un dixieme s'absorbe dans l'eau qui trouble bien l'eau de chaux : elle avoit d'abord une forte odeur d'empireume ; mais cette odeur se dissipa dans le moment : j'éprouve une partie du reste de l'air avec l'air nitreux qui n'y produit aucun effet & qui l'augmente en raison de son volume : je veux essayer, s'il pourra entretenir une lumiere, mais il s'enflamme & brûle exactement comme l'esprit de vin. Si l'on en met dans un flacon, il brûle tranquillement au goulot & pendant assez de tems. Ayant mêlé de cet air avec l'air tiré du fer & de l'acide vitriolique, il n'y eut point de détonation ; mais seulement une petite flamme instantanée, desorte que ces deux airs très-inflammables séparément, ne le sont presque plus dès qu'ils sont mêlés.

Le récipient contenoit à peine un gros de liqueur qui verdissoit le sirop de violettes, & qui avoit une pellicule huileuse à sa surface. Le charbon pesoit 4 gros & demi. Sa combustion étoit aussi accompagnée d'une petite flamme, & lui fit perdre un gros : alors c'étoit un alkali presque pur qui faisoit vive effervescence. Il contenoit donc, suivant les expériences de Mr. Cavendish, 105 grains d'air fixe & 147 d'alkali.

Je suppose qu'il se soit perdu un scrupule de liqueur, il y auroit eu 156 grains d'air. Un dixieme de l'air de la vessie étoit absorbé ; mais comme elle contenoit l'air atmosphérique qui avoit été poussé de la cornue & du récipient, je fixe à un huitiéme la quantité d'air fixe ; comme d'ailleurs l'air fixe est plus pesant, c'est au-moins 26 grains qu'il faut joindre aux 105.

La matiére charbonneuse retenoit sans-doute une portion d'air fixe, car il s'unit facilement par excès aux alkalis, & il adhére tellement aux matiéres charbonneuſes, que tous les charbons en contiennent malgré le grand feu qu'ils ont éprouvé : mais je néglige cette portion.

La matiére charbonneuſe ne pouvoit être dûe ainſi que dans l'acide tartareux, qu'à une huile dont une portion même a paſſé dans la diſtilation.

Dans une once de terre foliée de tartre, il y a donc environ 147 grains d'alkali & 429 grains d'acide. Ces 429 grains contiennent environ 131 grains d'air fixe, 130 grains d'air inflammable, 168 grains d'huile & de phlegme.

J'ai épouvé deux terres foliées de tartre : la ſeconde m'a donné plus d'alkali ; mais on ſent qu'il n'eſt pas poſſible d'avoir rien de poſitif par rapport à un ſel comme celui-là qu'un degré de feu fait varier.

Comme le vinaigre m'a préſenté dans toutes ſes affinités une action plus foible que celle de l'acide tartareux (1), il ne peut point avoir d'autre principe d'acidité

(1) Expériences ſur l'acide tartareux.

que l'air fixe qu'il contient en moindre quantité & qui se trouve affoibli par son union à l'air inflammable.

Cet air inflammable n'est pas une espèce d'air particulière, un premier principe : c'est ce que le célèbre auteur du dictionnaire de Chymie appelle principe du second ordre : c'est probablement de l'air simple saturé de phlogistique avec excès ; mais jusqu'à ce qu'on ait une idée bien claire de sa composition, il faut le regarder comme un être simple ; & comme l'on ignore s'il contient de l'eau, il faut abandonner l'opinion des Chymistes qui regardoient l'eau comme l'unique cause de l'expansion du feu dans la flamme.

J'en dis autant de l'air fixe qui paroît cependant plus composé & beaucoup plus éloigné de l'air simple que l'air inflammable.

On voit à présent d'où dépend l'inflammabilité du vinaigre radical : l'esprit de Saturne, quoique moins acide, est plus inflammable : je soupçonne que le plomb retient une portion de l'air fixe de l'acide acéteux auquel il étoit uni.

On ne doit point être ſurpris que la liqueur du récipient ait verdi le ſirop de violettes : les huiles traitées avec l'alkali fixe engendrent un peu d'alkali volatil.

Dans la diſtilation du tartre, on retire beaucoup d'air, un peu d'acide, de l'huile & un alkali charbonneux : ſur la fin de l'opération il ſe forme de l'alkali volatil comme dans la diſtilation de la terre foliée de tartre & par la même raiſon. Il n'y a pas de phénomênes mieux liés, & l'on voit que l'exiſtence de l'huile dans l'acide tartareux n'eſt pas une ſuppoſition (1).

Cet air qui brûle à la maniere de l'eſprit de vin, me ſemble jetter un grand jour ſur la nature de cette liqueur qui me paroît compoſée d'air inflammable, de phlegme & d'un peu d'air fixe qui ſert

(1) On voit pourquoi l'alkali tiré du tartre réuſſit mieux dans certaines opérations qu'un autre alkali. Il eſt mieux pourvu d'air fixe. Il doit être plus doux pour l'uſage médicinal, & il doit criſtaliſer plus facilement.

probablement de moyen d'union aux deux autres principes.

Lorſqu'on brûle de l'eſprit de vin, il ſe diſſipe & ne donne qu'un peu de phlegme. Si ſon inflammabilité étoit dûe à de l'huile ou à un autre mixte diſtinct de l'air inflammable, il y auroit néceſſairement un peu de terre qui formeroit de la fumée ou du charbon.

Lorſqu'on traite l'eſprit de vin avec l'acide nitreux, il s'en éleve une vapeur, à qui Mr. Prieſtley ne manque pas de donner le nom d'air. (Mr. Lavoiſier & lui en ont examiné l'inflammabilité.) J'ai fait de cette vapeur : dès qu'elle a été en contact avec l'eau, il s'en eſt abſorbé la plus grande partie, & l'eau a pris le goût que lui auroit donné un eſprit de vin preſque converti, ou réellement converti en éther. Cette eau rendoit l'eau de chaux un peu louche, de ſorte qu'elle contenoit de l'air fixe. Le réſidu faiſoit bien effervefcence avec l'air commun; ainſi cette vapeur n'eſt qu'un mêlange d'eſprit de vin étheré, d'air nitreux & d'un peu d'air fixe. Peut-être y a-t-il un peu d'air inflammable produit par la décompoſition d'une portion d'eſprit de vin.

L'eſprit de vin contient donc de l'air fixe, & ſa petite acidité reconnue des Chimiſtes en dépend.

J'ai fait un mêlange de parties égales d'eſprit de vin & d'eau ; je l'ai mis ſur un bain de ſable, je l'ai enflammé : lorſque la combuſtion de l'eſprit de vin a été finie, l'eau qui reſtoit a bien décompoſé l'eau de chaux ; l'une & l'autre ont perdu preſqu'entiérement leur goût, & la terre précipitée a fait l'effervefcence ordinaire avec un acide.

La flamme de l'eſprit de vin me paroît avoir trop peu d'énergie & une étendue trop vague pour avoir précipité de l'air atmoſphérique l'air fixe dont il s'agit ici. Il a donc appartenu au moins en grande partie à l'eſprit de vin.

Pour ne laiſſer aucun doute là-deſſus, il faudroit brûler de l'air inflammable ſur de l'eau, & voir ſi cette eau auroit acquis la même propriété. Il faudroit opérer de même ſur l'éther.

Je crois que dans la formation de l'éther, l'eſprit de vin eſt dépouillé d'une partie de ſon phlegme & de ſon air fixe, & qu'il prend une petite portion de l'acide dont on ſe ſert ; de ſorte que l'éther doit être de l'air inflammable uni en grande quantité à un peu de phlegme, d'air fixe & d'autre acide. Une partie de l'eſprit de vin eſt ſans doute entiérement décompoſée & forme de l'air inflammable.

Je ſais qu'il y a beaucoup d'expériences à faire ſur cet objet, & je mets bien de la différence entre les conſéquences que je tire immédiatement de mes expériences, celles que j'en déduis moins immédiatement, & les ſimples probabilités.

Jetons un coup d'œil ſur cette fonction de la nature qui paroît en conſtituer la vie, ſur la fermentation, & ſuivons la formation & les progrès des corps qui y ſont ſujets. Le ſuc du raiſin eſt propre à nous ſervir d'exemple.

Le raiſin ſe remplit d'abord d'un ſuc aigre qui doit ſans doute ſon acidité à l'air fixe. Ce ſuc contient donc une prodigieuſe quantité d'air fixe, & comme il s'en trouve ſaturé, les feuilles abſorbent d'avantage de phlogiſtique (1) : alors il ſe forme plus d'huile qui vient, pour ainſi dire, envelopper l'acidité du verjus, & produire ce ſuc doux, ſuſceptible de fermentation (2).

Lorſque ce ſuc eſt accumulé, & cependant étendu dans une ſuffiſante quantité d'eau, le mouvement de fluidité dégage une portion d'air fixe, un peu de chaleur ſe produit, les effets augmentent, le frottement devient vif, les parties les plus

(1) Je crois que l'air fixe mêlé aux ſucs de la terre eſt abſorbé par les racines, & le phlogiſtique par les feuilles ; d'où vient que les arbres réſineux croiſſent bien dans les ſables. Les engrais me paroiſſent ſervir à fournir de l'air fixe aux racines ; & du phlogiſtique à l'air, d'où il eſt pompé par les feuilles.

(2) On ſait combien le corps muqueux ſe bourſoufle lorſqu'on le diſtile. Hales dit avoir retiré du ſucre un dixieme de ſon poids d'air.

inertes ſont rejettées à la ſurface, l'air fixe ſurabondant s'échappe ; peut-être que l'air atmoſphérique qui s'abſorbe (car il s'en abſorbe dans la fermentation) eſt converti en air inflammable en s'uniſſant au phlogiſtique qui eſt dégagé dans ce frottement, & qu'en ſe combinant alors à une portion d'air fixe, il forme l'eſprit de vin qui demeure uni aux autres principes, juſqu'à ce qu'un certain degré de chaleur l'en détache.

Le mouvement de la fermentation ſe ralentit ; l'air fixe en ſe dégageant du corps muqueux qui a échappé à la premiere décompoſition, en retient l'huile, & en s'uniſſant aux principes de l'eſprit de vin, il forme le vinaigre.

Je ne prétends point établir un ſyſtême, & ſi les expériences que je médite ne vérifient pas mes idées, je les abandonnerai ſans les défendre.

Il eſt bien vraiſemblable que tous les acides végétaux ſont également dûs à l'air fixe différemment combiné ; mais je tâcherai de le mieux prouver par l'expérience, guide à peine aſſuré dans les ténébres qui nous environnent.

L'acide tartareux eſt le plus puiſſant de ces acides, parce que l'air fixe y eſt preſque pur.

Il y a un ſel tartareux qui me paroît contenir moins d'huile que le tartre; c'eſt le ſel d'oſeille : il y a quelque tems que je diſtillai deux onces de ce ſel; je me rappelle que j'eus ſix gros & demi de réſidu qui n'étoit point charbonneux & qui ne perdit qu'un demi gros par la calcination : il faiſoit vive efferveſcence avec les acides : la liqueur qui avoit paſſé dans le récipient étoit acide & il n'y avoit point d'huile.

Je n'ai pas pu décompoſer le ſel d'oſeille avec l'acide nitreux.

Mais ce n'eſt pas ſeulement dans le règne végétal que l'air fixe abonde : on ſait qu'une grande partie de la maſſe des montagnes en eſt formée.

Si les coquillages en contiennent beaucoup, les autres ſubſtances animales n'en font pas dépourvues. Il suffit pour s'en convaincre de faire attention que presque toutes les parties animales donnent beaucoup d'alkali volatil, faisant parfaitement effervescence & presqu'entiérement sous forme concrête. Or l'alkali volatil, sous forme concrête, contient plus de la moitié de son poids d'air fixe.

Mr. Macbride (1) dit avoir retiré de l'air fixe des substances animales en putréfaction, mais je crois qu'il n'a eu que de l'alkali volatil à la vérité effervescent. Cet alkali trouble l'eau de chaux & prête aux alkalis caustiques la propriété de faire effervescence.

Ce qui me donne cette opinion, c'est qu'en premier lieu, il dit n'avoir presque point eu d'air fixe de la bile : or la bile ne donne que fort peu d'alkali volatil selon ses propres expériences. En second lieu, j'ai fait digérer de la chair dans une lessive caustique : cette lessive n'a point acquis

(1) Essais & expériences.

acquis la propriété de faire effervescence.

Mais tout l'air contenu dans les substances animales (1) n'est pas à beaucoup près

(1) Je vais donner à cette occasion l'analyse des cheveux ; celle de Neumann (Haller, Elem. Phisiolog. tom. V.) ne me paroît pas fort exacte. Deux onces de cheveux m'ont donné un gros dix-huit grains d'alkali volatil concret, deux gros & demi de phlegme qui avoit une odeur très-pénétrante de cheveux brûlés, & qui fut très alkalin dès le commencement de la distilation, quatre gros d'une huile toute différente de celle des autres parties animales : elle est jaune jusques sur la fin de l'opération où *elle noircit* : elle altere peu la blancheur naturelle de l'alkali volatil, elle se dissout en grande quantité dans l'esprit de vin ; elle brûle avec vivacité en scintillant comme des cheveux ; mais le caractère qui m'a le plus frappé, c'est qu'elle se tient sous forme concrête, jusqu'environ au dix-huitième degré de chaleur du thermomètre de Reaumur. Elle a à-peu-près la gravité spécifique du phlegme alkalin, de sorte que lorsqu'elle est fluide elle le surnage, & lorsqu'elle est concrête elle en est surnagée. Le charbon pesoit quatre gros & demi ; l'aimant en attiroit des molécules très-sensibles ; je ne suis pas venu à bout de le calciner. On peut évaluer à un gros dix-huit grains l'alkali volatil, le phlegme & l'huile qui se sont perdus

de l'air fixe (1).

Dans l'opération du phosphore, il s'échappe une étonnante quantité d'air. (2) J'ai retenu de cet air par le moyen d'un tube muni d'une vessie que j'appliquai au trou du récipient : (il y avoit long-tems que la cornue étoit rouge, l'on ne sentoit plus l'odeur d'alkali volatil & je faisois l'opération sans plomb corné) une petite portion seulement s'est absorbée dans l'eau qui a troublé l'eau de chaux sans verdir le syrop de violettes. Le reste m'a paru

dans l'opération, & par conséquent à deux gros & demi l'air qui s'est échappé.

Comme les huiles, & sur-tout les huiles épaisses, se décomposent en grande partie dans la distilation, on peut dire que les cheveux sont sur-tout composés d'huile : l'alkali volatil y est-il tout formé ? une portion de l'air est nécessairement de l'air fixe, puisque l'alkali volatil est effervescent; mais qu'elle est l'autre portion ?

(1) Voyez Priestley, tom. II. sect. VIII.

(2) M. Priestley dit, qu'il a retiré de l'air fixe de l'urine récente par le moyen de la chaleur; mais comme il n'a fait que l'épreuve de l'eau de chaux, il peut se faire que ce ne soit que de l'alkali volatil en vapeur, pourvû, à la vérité, d'air fixe,

entretenir la flamme à-peu-près comme l'air atmosphérique & a fait effervescence avec l'air nitreux J'aurois bien dû examiner combien il pouvoit absorber d'air nitreux; mais je suis toujours en droit de conclure que l'urine contient une certaine quantité d'air fixe & beaucoup d'air simple, & je remarque que dans une violente chaleur, le charbon ne le phlogistique pas.

Depuis que l'on fait des expériences sur l'air des corps, il s'est glissé une erreur à laquelle l'illustre Haller a part (1). Plusieurs personnes regardent l'air comme le ciment qui unit les parties des corps qui se séparent dès que l'air s'échappe, & croyent que plus une substance organisée est dure, plus elle en contient. Je remarquerai premierement que tous les principes volatils se dissipent également dans le mouvement de putréfaction, desorte qu'on ne peut pas plus attribuer la désunion des parties à l'air qu'au phlegme, qu'à l'alkali

(1) Elem. Phisiol. tom. I.

volatil &c. C'eſt la doctrine d'un Profeſſeur, dont on ſe félicite toute la vie d'avoir entendu les ſavantes leçons. (1)

En ſecond lieu, j'ai retiré plus de trois onces de terre de cinq onces d'os : (il y a beaucoup de variétés dans les os ; je me ſuis ſervi dans cette expérience des os du crâne d'un ſujet avancé en âge,) & la terre animale bien différente en tout des autres terres, ne contient preſque point d'air : dans un feu de verrerie où j'ai fait un beau verre de la terre calcaire ſans mêlange, la terre animale n'a perdu que 18 grains ſur 144 : outre ces trois onces de terre, on auroit eu du phlegme, de l'alkali volatil & de l'huile. Vous voyez qu'il reſte peu de choſe pour l'air, & que l'on s'eſt trompé en concluant pour les os, ce que l'on a trouvé dans le calcul & dans le bois de cerf, (2) qui contiennent beaucoup moins de terre.

(1) Mr. Roux.

(2) Le bois de cerf contient une terre ſemblable à celle de nos os, & tous ſes autres produits ſont abſolument de même nature que ceux des autres

C'eſt cette terre qui en s'accumulant oſſifie les cartilages (2), roidit nos reſſorts & nous conduit au terme fatal. Lorſque quelques circonſtances en empêchent le dépôt, la vie peut ſe prolonger beaucoup au-delà du terme ordinaire : c'eſt ce qui a fait la grande vieilleſſe de Jenkins qui vécut 169 ans & de Thomas Paré qui mourut de pléthore à 152 : l'on trouva encore dans ce dernier les pieces du ſternum déſunies.

Le ramolliſſement des os prouve manifeſtement que cette terre trouve quelquefois une iſſue : cet effet ne pourroit-il pas être ménagé par l'art ? Il paroît que les urines ſe chargent de cette terre qui en forme en grande partie le dépôt. Cette conſidération me feroit croire qu'il feroit bon de ſubſtituer l'abondance des urines à la tranſpiration qui ne peut donner iſſue qu'aux liqueurs les plus ſubtiles ; & qui étant

parties animales, ce qui paroît contraires aux idées de M. de Buffon. Voyez l'Hiſt. natur. du cerf.

(1) Haller, Mém. ſur les os.

ſujette aux influences de l'atmoſphère, eſt la ſource d'une infinité de maladies. Bacon regarda déja la diminution de la tranſpiration comme un moyen de prolonger la vie.

La plûpart des ſauvages, guidés par la nature avec laquelle la raiſon devroit toujours s'accorder pour le bonheur de l'homme, s'oignent plus ou moins la ſurface du corps & les linimens bouchent les pores & diminuent la tranſpiration. Les anciens & ſur-tout les athletes conſervoient leur ſoupleſſe par ce moyen, & lui devoient peut-être en partie leur vigueur (1). La jeuneſſe Romaine, après des exercices violens, ſe jetoit dans le Tibre ſans craindre pleuréſies & maladies catharrales; & chez nous, ceux qui bravent l'intempérie des ſaiſons, ne ſont-ils pas les moins ſujets à ces maladies?

Je vois bien que cela repugne à la modification actuelle de nos ſens; mais ne

(1) Veſpaſien, dans un ſiècle auſſi corrompu que le nôtre, trouva dans le dénombrement de l'Italie dix vieillards de 120 ans.

pourroit-on pas l'éprouver ſur des nouveaux-nés que les gens délicats rejettent loin d'eux ? Je crois que ſi l'on ſupprimoit la tranſpiration pendant les premiers tems de la vie, les couloirs de l'urine s'aggrandiroient, & les humeurs y établiroient pour toujours un cours plus abondant.

Je ſuis perſuadé que l'on pourroit prévenir ainſi beaucoup de maux ; & il ſeroit peut-être moins abſurde d'enviſager ſous ce point de vue les moyens de prolonger la vie, que de chercher des recettes propres à cela : mais pourquoi s'occuper de ces moyens ? il vaudroit bien mieux apprendre aux hommes à jouir de ce bienfait douteux de la nature. Si j'avois le ſecret d'augmenter la durée des jours, je le donnerois, peut-être, par vanité.

J'ai décompoſé du ſel ammoniac par l'intermede de la terre animale, & j'ai obtenu un alkali volatil cauſtique qui ne faiſoit preſque point d'effervеſcence avec les acides ; cette terre cependant n'a aucune cauſticité. Cette expérience devroit bien ſervir à détromper ceux qui attribuent encore la causticité de la chaux à un principe qu'ils supposent passer dans l'alkali volatil.

Mr. Thouvenel (1) a observé que l'eau de chaux décomposoit le savon ; & que la chaux s'unissant à l'huile, formoit un savon terreux, insoluble dans l'eau & soluble dans l'esprit de vin chaud. Il a remarqué que l'alkali effervescent & non l'alkali caustique décomposoit ce savon, dont la chaux se précipitoit avec la propriété de faire effervescence. C'est ainsi que l'alkali volatil, dégagé par la chaux, ne décompose pas les sels terreux que l'alkali volatil ordinaire décompose facilement (2). Il me paroît certain que ce phénomène est dû à l'air fixe qui produit le jeu des doubles affinités dont la Chymie nous offre une foule d'exemples & dont j'ai parlé ailleurs (3).

(1) Mémoire chimique & médecinal sur les principes & les vertus des eaux minérales de Contrexeville.

(2) Dict. de Chim. art. Sel ammon. Black Mém. d'Edimb. V. II. p. 245.

(3) Expériences sur l'acide tartareux.

J'ai tenté de décompoſer le ſavon calcaire par l'alkali volatil, au lieu de me ſervir d'alkali fixe. J'ai vu également que l'alkali volatil privé d'air, n'avoit aucune action ſur lui, tandis que l'alkali volatil efferveſcent le décompoſoit & en ſéparoit la chaux qui recouvre ſon air & devient efferveſcente. J'ai mis peu-à-peu du ſavon calcaire dans l'alkali volatil fluide, juſqu'à ce que la liqueur ait pris une conſiſtance qui rendoit le dépôt très-lent. Alors après avoir bien laiſſé former le dépôt, j'ai verſé par inclination la liqueur qui avoit toute l'apparence d'une huile; bientôt étant expoſée à l'air, elle a blanchi à ſa ſurface: je l'ai miſe à une douce chaleur ſur un bain de ſable, l'alkali volatil ſurabondant s'eſt échappé, & il eſt reſté un ſavon ammoniacal qui a moins de conſiſtance que le ſavon ordinaire & une ſaveur qui ne differe de celle de ce dernier, qu'en ce qu'elle eſt plus piquante. Il ſe diſſout en petite quantité dans l'eau, en grande quantité dans l'eſprit de vin. Les médecins de nos jours ont reconnu beaucoup de vertus dans le ſavon, je crois que celui dont je parle, ſeroit d'un excellent uſage & bien préférable dans pluſieurs cas. Il faut le tenir dans des flacons bien bouchés; car pour peu que l'air s'y introduiſe, il ſe décompoſe, l'alkali volatil s'échappe, & il ne reſte que l'huile fluide.

L'alkali fixe effervèſcent ou cauſtique n'a point d'action ſur lui; mais l'eau de chaux le décompoſe.

Le ſavon calcaire n'étant point décompoſé par les alkalis purs, la chaux au contraire décompoſant les ſavons, on peut dire que la terre calcaire a plus d'affinité avec l'huile que les alkalis.

Le ſavon ammoniacal ſe grumele dans les eaux ſéléniteuſes comme le ſavon ordinaire; mais il me paroît qu'on n'a point d'idée de ce qui ſe paſſe, lorſque le ſavon ſe grumele ainſi; c'eſt un ſavon calcaire qui ſe forme, l'alkali du ſavon s'uniſſant à l'acide vitriolique de la ſélénite, & la terre calcaire de la ſélénite s'uniſſant à l'huile du ſavon ; ſi l'on verſe un acide ſur une eau ſéléniteuſe impregnée de ſavon, elle s'éclaircit, les flocons diſparoiſſent & l'huile vient nager à la ſurface.

L'alun décompoſe auſſi le ſavon ordinaire, mais celui qui ſe forme par l'union de la baſe de l'alun & de l'huile, ne fait pas des flocons : je n'ai pas examiné les autres différences qu'il a avec le ſavon calcaire.

La baſe de l'alun s'unit dans la précipitation à une aſſez grande quantité d'air fixe, mais elle l'abandonne facilement dans la calcination qui lui fait perdre plus du tiers de ſon poids : privée alors de la faculté de faire effervеſcence, elle n'a pas plus de cauſticité qu'elle n'en avoit auparavant.

L'air fixe paroît réſiſter à l'action de nos agens : j'ai brûlé un mêlange de tartre & de nitre ; j'ai retenu l'air qui s'en eſt dégagé, & l'eau dans laquelle je l'ai agité, a troublé l'eau de chaux.

J'ai mis en diſtillation du ſel ammoniac & du plomb précipité de l'acide nitreux par l'alkali effervescent : j'ai retiré beaucoup d'alkali volatil concret, ce qui confirme que les précipités contiennent sans altération l'air fixe qu'ils ont retenu de l'alkali fixe précipitant, & que c'est à lui en grande partie qu'est dûe l'augmentation de leur poids.

Je ferai remarquer que lorsqu'on précipite une substance qui retient l'air, il y a beaucoup moins d'effervescence, que lorsqu'on précipite une substance qui ne peut pas s'en emparer : ainsi lorsqu'on précipite une solution de terre animale, il se fait une effervescence extraordinaire.

J'ai distillé du sel ammoniac avec du safran de mars apéritif, & j'ai eu un alkali volatil qui faisoit vive effervescence, quoique sous forme fluide. Dans le safran de mars apéritif qui ne différe pas de la rouille, le fer est donc uni au moins en grande partie à de l'air fixe (1) ; mais ce n'est

(1) Il est outre cela privé de son phlogistique qu'il a donné à l'air atmosphérique. Cette observation prouve, ainsi que les expériences de Mr.

que par le moyen de l'humidité que cette union peut ſe faire ; car j'ai fait la même opération avec du ſafran de mars aſtringent, & j'ai eu un alkali volatil qui ne faiſoit point du tout d'efferveſcence (1). Si donc le ſafran de mars aſtringent contient de l'air, ce n'eſt pas de l'air fixe ; & il ne faut pas confondre en médecine ces deux préparations de fer que pluſieurs perſonnes regardent à préſent comme deux chaux métalliques d'une égale vertu ; car elles peuvent avoir des propriétés différentes.

Puiſque la rouille eſt de l'air fixe uni au fer par le moyen de l'humidité, on voit comment des vernis peuvent en préſerver le fer, & pourquoi ce métal ſe rouille ſi facilement dans un lieu humide ; pourquoi

Lane, (Exper. & obſ. ſur diff. eſpèc. d'air) celles de Mr. Rouelle (Journal de médec. Mai 1771.) & celles de Mr. Bayen (Journal de phyſiq. Mars 1776). L'affinité du fer & de l'air fixe.

(1) Le Minium traité de même, m'a donné un alkali volatil qui faiſoit un peu d'efferveſcence.

au contraire il se conserve long-tems dans un lieu sec ou entierement dans l'eau.

L'air fixe se trouve donc abondamment dans les trois regnes, & il entre pour beaucoup dans la composition des corps : il paroît être le seul acide des végétaux ; nous ne connoissons encore rien qui soit capable de le détruire. C'est une substance de l'espèce de l'acide vitriolique, de l'acide nitreux &c. un mixte dont les propriétés sont trop différentes de celles de l'air commun, pour qu'on puisse le confondre avec lui ; & je crois qu'il vaudroit mieux l'appeller l'acide universel, si les noms n'étoient pas indifférens dès qu'on en apprécie la signification.

SECONDE PARTIE.

IL me paroît que les expériences de Mr. Bewly (1) prouvent d'une façon certaine que l'air nitreux de Mr. Prieſtley n'eſt que l'acide nitreux privé d'air & impregné ordinairement d'une portion ſurabondante de phlogiſtique : j'ai fait de l'eau forte en faiſant pluſieurs mêlanges d'air nitreux & d'air commun ſur la même eau.

Lors donc que l'acide nitreux eſt privé d'air, il s'élance avec rapidité pour s'en ſaturer; & dans cette combinaiſon vive, dans cette efferveſcence, il ſe produit de la rougeur, après quoi la portion de vapeur ni-

(1) Expériences & obſervations ſur différentes eſpeces d'air, p. 419.

Je ſuppoſe qu'on connoît le nouvel ouvrage de Mr. Prieſtley, qui a pour titre : *Expériments and obſervations on différents kinds of air*, vol. II. & dont Mr. Gibelin donne la traduction.

treuſe qui a été ſaturée d'air, reprend la forme d'acide nitreux ; mais ſans cette ſaturation, la vapeur nitreuſe ne s'unit preſque point à l'eau ; cependant elle détruit la couleur du ſyrop de violettes, ce qui ſuffit pour faire connoître le caractère de l'acide nitreux.

Un pouce cubique de nitre avoit donné 180 pouces d'air à Hales : le Comte Saluces a prouvé depuis long-tems (1) que l'effet de la poudre à canon dépendoit de la grande quantité d'air qui s'en dégage : l'on ſavoit d'ailleurs que cet air ne pouvoit pas appartenir à l'alkali, & l'on a tardé juſqu'à ces derniers tems à reconnoître que cet air étoit une des parties de l'acide nitreux (2) : telle eſt, & ce n'eſt pas ſeulement en Chymie, la foibleſſe des progrès de la raiſon.

Lorſqu'on diſſout une ſubſtance métal-

(1) Mém. de l'Acad. de Turin, tom. I. & II.

(2) Hales n'a eu que quelques ſoupçons ſur cet objet ; mais il a bien vu que le nitre contenoit un huitiéme de ſon poids d'air.

lique dans l'acide nitreux, il ſe fait une vive effervefcence & l'acide nitreux s'échappe en grande partie ſous la forme de vapeurs : l'air qu'il contenoit a donc été ſéparé & a ſans-doute été retenu par la ſubſtance métallique ; je crois qu'il ſe fait un échange, que le métal donne un peu de ſon phlogiſtique & prend l'air de l'acide nitreux.

J'ai verſé peu-à-peu deux onces d'acide nitreux, après l'avoir affoibli, ſur une once de limaille de fer ; j'ai fait deſſécher un jour entier le réſidu ſur un bain de ſable, après cela le fer étoit tout à fait inſipide & peſoit une once deux gros & demi ; je l'ai lavé avec une eau dans laquelle j'avois mis de l'alkali cauſtique & il n'a perdu que quelques grains. Je laiſſe un demi gros pour l'acide & pour l'humidité qu'il pouvoit encore contenir, c'eſt deux gros d'acquiſition ; mais ces deux gros ne doivent pas être entièrement attribués à l'air de l'acide nitreux, parce que le fer humide en ſe deſſéchant, s'unit à une portion d'air fixe ;

& même, comme l'air nitreux ne s'unit qu'à l'air atmoſphérique pur, l'air fixe qui ſe trouvoit uni à la portion d'air atmoſphérique abſorbée, doit ſe combiner avec le fer, avec lequel il a de l'affinité.

C'eſt ce qui arrive lorſqu'on a fait un mêlange de limaille & de ſoufre : l'air fixe de l'air atmoſphérique peut-être avec une portion même de cet air, s'unit au fer, tandis que celui-ci donne une partie de ſon phlogiſtique au reſte de l'air diminué.

C'eſt encore ainſi que cela ſe paſſe probablement, lorſqu'on fait détonner du nitre, l'alkali qui reſte fait un peu d'efferveſcence, quoique cette efferveſcence puiſſe être dûe à la partie du charbon que cet alkali a diſſout : mais cette détonation mérite un examen particulier ; car je puis dire qu'on connoît peu ce qui ſe paſſe alors.

Je trouve ainſi l'explication d'une obſervation de Mr. Prieſtley qui a écrit au docteur Gibelin qu'il avoit formé de l'air fixe, en distillant du fer dissout dans l'acide nitreux.

L'on peut donc fixer à un dixieme la quantité d'air contenue dans l'acide nitreux ordinaire ; & si l'on fait attention à la concentration qu'il a dans le nitre, on verra que cette supputation répond assez à la quantité d'air que Hales a retirée du nitre.

Puisque le nitre ne fuse & que la poudre ne détonne qu'en vertu de l'air qui s'en dégage, j'ai imaginé qu'en combinant l'acide nitreux privé d'air avec l'alkali, on auroit un nitre qui brûleroit tranquillement, & j'ai cru que ce seroit un moyen de confirmer cette théorie & même de découvrir les rapports du nitre avec les autres sels. En conséquence, j'ai exposé à la vapeur d'une dissolution de fer dans l'acide nitreux des linges imbibés d'alkali caustique : cette vapeur étoit entierement absorbée, & bientôt l'alkali a été parfaitement saturé. Les linges imbibés de l'espèce de nitre qui s'étoit formé, brû-

brûloient mieux que s'ils n'euſſent rien contenu, mais tranquillement & ſans fuſer.

Les chaux métalliques s'uniſſent à l'acide nitreux, & lorſqu'elles ſont preſſées par le feu, elles laiſſent échapper leur air & celui de l'acide nitreux, & l'acide nitreux, tantôt conjointement, tantôt ſéparément & dans un ordre différent, ſelon la force avec laquelle l'air & la partie acide ſont retenus par la ſubſtance métallique : c'eſt-là, je crois, la vraie ſolution de pluſieurs faits obſervés par Mr. Prieſtley ; & ce qui me paroît le prouver, c'eſt que le minium arroſé par l'acide nitreux, prend une ſaveur ſucrée ; il y a donc vraie ſolution, il ſe forme un vrai ſel métallique : ſi l'on en retire l'air déphlogiſtiqué à la manière de Mr. Prieſtley, il conſerve encore ſa ſaveur, ce qui fait voir qu'il n'a perdu qu'une partie étrangère à l'acide.

Mr. Prieſtley a cru que l'acide nitreux uni à une terre formoit l'air atmoſphérique, & que notre atmoſphère n'étoit qu'un ſel nitreux avec une portion de phlogiſtique (1). C'eſt une imagination bien ſingulière, peut-être peu digne d'un homme à qui l'on doit tant de belles choſes.

Cet air pur, cet air déphlogiſtiqué, dont la découverte fait tant d'honneur à Mr. Prieſtley, & qui fait partie de l'acide nitreux & de la plûpart des chaux métalliques dont on peut le retirer, confirmeroit, s'il en étoit beſoin, ainſi que le remarque cet auteur, l'abſence du phlogiſtique dans les chaux métalliques que pluſieurs modernes ont revoquée en doute.

Quoi! les chaux & les précipités de zinc & de fer n'ont-ils pas perdu le principe qui rendoit ces ſubſtances métalliques inflammables? Pouvez-vous faire reparoître ſous ſa forme naturelle quelque chaux ou quelque précipité métallique, ſans l'union de ce principe qui forme la com-

(1) There remained no doubt in my mind, but that atmoſpherical air, or the thing that wie breathe conſiſts of the nitrous acid and earth; vith ſomuch phlogiſton ar as is neceſſary to its elaſticity. vol. II. p. 55.

bustion, la chaleur, la lumiere; sans l'union du principe du feu qui se trouve accumulé dans le charbon? (1)

Je conviens cependant qu'on a attribué mal-à-propos plusieurs phénomènes au phlogistique qui, par exemple, paroît contribuer moins qu'on ne pense à la solubilité des métaux dans les acides.

Je crois que les chaux & les précipités mercuriels ne doivent point être comparés aux autres; mais que le mercure, sans perdre son phlogistique, ou du moins n'en perdant qu'une petite portion, s'unit facilement avec l'air, soit fixe, soit atmosphérique, & change alors de forme.

Mais la saine partie des Chymistes depuis Stalh, cet homme qui créa la vraie

(1) Les objections contre le phlogistique ne sont pas nouvelles. On peut révivifier du verre de plomb par le moyen de la terre calcaire (voyez la Chymie métallurg. de Gellert); mais ce n'est qu'une petite portion, & cet effet est dû à un reste de substance animale que contient encore la terre calcaire, comme on l'a fait observer depuis longtems.

Chymie & qui fut un des plus grands médecins, me paroît avoir du phlogistique une idée plus juste que l'auteur d'un ouvrage immortel (1). Ils le regardent comme le feu devenu principe des corps, passant d'une combinaison dans une autre, donnant & enlevant différentes propriétés qu'ils ont examinées, formant avec l'acide vitriolique le soufre dont ils ont une toute

(1) Le fameux phlogistique des Chymistes (être de leur méthode plutôt que de la nature) n'est pas un principe simple & identique, comme ils nous le représentent : c'est un composé, un produit de l'alliage, un résultat de la combinaison des deux élemens de l'air & du feu fixés dans les corps. Sans nous arrêter donc sur les idées obscures & incomplètes que pourroit nous fournir la considération de cet être précaire &c. (Buffon, introduct. à l'hist. des min. tom. I.) Le phlogistique, le minéralisateur, l'acide, l'alkali &c. ne sont que des termes créés par la méthode dont les définitions sont adoptées par convention, & ne répondent à aucune idée claire & précise, ni même à aucun être réel. *Ibid.* Les Chymistes ont créé leur phlogistique, sans savoir ce que c'est, & cependant c'est de l'air & du feu fixes, *Ibid.*

autre idée que Mr. de Buffon (1) ; mais l'acide vitriolique eſt encore ſelon lui un être chimérique.

Les Chymiſtes font-ils, comme on le leur reproche, des principes ſimples de tous les produits qu'ils retirent ? croyent-ils que l'acide vitriolique, par exemple, ſoit

(1) L'acide vitriolique & en général tous les acides, tous les alkalis ſont moins des ſubſtances de la nature que des produits de l'art : la nature forme des ſels & du ſoufre ; elle emploie à leur compoſition, comme à celles de toutes les autres ſubſtances les quatre élémens, beaucoup de terre & d'eau ; un peu d'air & de feu entre en quantité variable dans chaque différente ſubſtance ſaline ; moins de terre & d'eau, & beaucoup plus d'air & de feu ſemblent entrer dans la compoſition du ſoufre. Les ſels & les ſoufres doivent dont être regardés comme des êtres de la nature dont on extrait par le ſecours de l'art de la Chymie, & par le moyen du feu les différens acides qu'ils contiennent ; & puiſque nous avons employé le feu, & par conſéquent de l'air & des matieres combuſtibles pour extraire les acides, pouvons-nous douter qu'ils n'aient retenu, & qu'ils ne retiennent des parties de matière combuſtible qui y ſeront entrées pendant l'extraction. Buffon, *ibid.*

ſoit un élément, un principe ſimple ? Stahl, dont ils ſuivent la doctrine, n'a-t-il pas ſoupçonné qu'il étoit dû à l'union de la terre & de l'eau ? Mr. de Buffon veut-il nier que le vitriol, le ſel de Glauber, le tartre vitriolé, le gypſe contiennent naturellement cet être composé qu'on appelle acide vitriolique & qu'on fait paſſer d'une combinaiſon dans une autre ſans le ſecours du feu ?

Les effets de l'air ſont tout-à-fait différens de ceux du phlogiſtique (1) & l'air qui a ſervi à la combuſtion, n'a point été l'aliment du feu, n'a point été converti

(1) Dans l'ordre de la converſion des élémens, il me ſemble que l'eau eſt pour l'air, ce que le fer eſt pour le feu, & que toutes les transformations de la nature dépendent de celles ci. L'air, comme aliment du feu s'aſſimile avec lui & ſe tranſforme en ce premier élément ; l'eau raréfiée par la chaleur, ſe transforme en une eſpèce d'air capable d'alimenter le feu, comme l'air ordinaire ; ainſi le feu a un double fonds de ſubſiſtance aſſurée ; s'il conſomme beaucoup d'air, il peut auſſi en produire beaucoup par la raréfaction de l'eau,

en feu ni détruit, mais il s'eſt chargé du principe de l'inflammabilité qui s'eſt dégagé du corps en combuſtion; il s'eſt combiné avec lui par une eſpèce de diſſolution, & la végétation peut l'en dépouiller, le rétablir & le rendre propre à entretenir de nouveau la flamme (2) : à plus forte raiſon l'eau n'eſt pas changée en feu.

Si les élémens ſe convertiſſent mutuellement, rien ne le prouve encore : les corps organiſés peuvent les modifier; mais c'eſt peut-être tout. Les animaux à coquilles qui forment la terre calcaire, ne vivent pas d'eau diſtillée. (3)

& reparer ainſi dans la maſſe de l'atmoſphere toute la quantité qu'il en détruit, tandis qu'ultérieurement il ſe convertit lui-même avec l'air en matiere fixe dans les ſubſtances terreſtres qu'il pénétre par ſa chaleur ou par la lumiere. Buffon, *ibid.*

(2) Prieſtley, expér. & obſerv.

(3) Le corps des animaux à coquilles, en ſe nourriſſant des particules de l'eau, en travaille en même tems la ſubſtance au point de la dénaturer; la coquille eſt certainement une ſubſtance terreſtre, une vraie pierre. Buffon, *ibid.*

Plus l'air eſt privé de phlogiſtique, plus il eſt propre à entretenir la reſpiration. N'eſt-ce point ce qui fait la ſalubrité & ce qu'on appelle la legéreté de l'air des montagnes. J'ai quelquefois reſpiré l'air contenu dans une veſſie autant de tems que je le pouvois : je ſentois de l'inquiétude, de l'angoiſſe ; une défaillance me menaçoit.

L'état de l'air que nous reſpirons influe ſingulierement ſur notre ſanté & ſur notre ame (1). Je me ſouviens encore du charme que j'ai ſenti au ſommet des Alpes. Des fleurs ſauvages, des eaux qui ſe précipitent en forme de nuage, quelques pâtres qui jouent ſur l'herbe naiſſante, y font un ſpectacle plus délicieux que tout

(1) Je ſuis ſurpris que des bains de l'air ſalutaire & bienfaiſant des montagnes ne ſoit pas un des grands remedes de la médecine & de la morale.

Qui non palazzi, non teatro o loggia,
Ma'n lor vece un abete, un faggio, un pino
Trà l'erba verde el bel monte vicino
Levan di terra al ciel noſtr' intelletto.

Nouv. Helois.

ce que la nature, le luxe & l'élégance peuvent étaler dans des jardins.

Plus l'air eſt déphlogiſtiqué, mieux il entretient la flamme, & plus il doit être propre à être conducteur d'électricité : c'eſt peut-être une des raiſons pour leſquelles l'aurore boréale fait briller le Ciel ſur les glaces du Pole.

Plus propre auſſi il doit être à refroidir les corps, ou *à conduire la chaleur* ; car l'opinion de Mr. Franklin (1) me paroît conforme à l'expérience. Il croit que les corps reçoivent plus difficilement la chaleur & la retiennent mieux dès qu'ils en ſont pénétrés, en raiſon de ce qu'ils ſont moins bons conducteurs d'électricité. Je ſais que ce n'eſt que généraliſer un peu le fait; mais toutes les explications phyſiques ne peuvent que généraliſer plus ou moins les effets de cauſes inconnues pour toujours.

Mr. de Buffon a des expériences contrai-

(1) Voyez lettre de Mr. Franklin, au Docteur Lining, dans la collection de ſes Œuvres.

res à cette opinion ; mais tout le monde s'apperçoit qu'une tasse d'argent reçoit bien plus facilement dans toutes ses parties la chaleur de la liqueur qu'elle contient, qu'une tasse de porcelaine ; qu'un morceau de fer s'échauffe bien plus vîte à l'extrêmité opposée à celle par laquelle on l'expose au feu, qu'un semblable morceau de verre.

Voici ce qui me paroît avoir trompé Mr. de Buffon : il a jugé de la propriété de recevoir & de perdre la chaleur par l'état de la surface des globes de différentes matiéres qu'il échauffoit (1) ; mais un globe de grès doit recevoir promptement beaucoup de chaleur à sa surface, parce que la couche extérieure communique avec peine celle qu'elle reçoit aux autres couches; & lorsque tout le globe est enfin pé-

(1) Richmann en examinant par un autre moyen dans les substances métalliques la propriété de recevoir & de communiquer la chaleur, a eu des résultats tous différens de ceux de Mr. de Buffon. *Nov. Comment. Acad. Petrop. tom. IV.*

nétré de chaleur, la partie extérieure en se refroidissant recevra difficilement la chaleur des couches intérieures, desorte qu'elle doit se refroidir promptement, mais l'intérieure conservera long-tems sa chaleur, & ne la perdra qu'insensiblement. Ceux qui ont travaillé en Chymie, savent qu'un bain de sable paroît assez promptement froid à sa surface, mais qu'il demeure très-long-tems chaud dans son intérieur.

Le globe terrestre est presqu'entierement composé de substances qui sont mauvais conducteurs ; & pour le dire en passant, le grand mouvement qu'il a, ainsi que l'atmosphère, dans un espace qui n'est pas entierement vuide, est peut-être la cause de la foule de phénomènes électriques qu'on observe à sa surface. Il doit donc s'être refroidi beaucoup plus promptement à sa surface & perdre la chaleur centrale beaucoup plus lentement que Mr. de Buffon ne pense. Ce qui recule & prolonge beaucoup l'existence de nos corps organisés. (1)

(1) Hist. Natur. tom. I. & Supplém. tom. II.

La glace eſt mauvais conducteur, ſur-tout lorſque ſes parties ne ſont pas réunies, comme dans la neige. La terre gelée eſt donc fort propre à conſerver un degré de chaleur qui eſt au-deſſous de celui qui peut faire fondre la glace : je déduis de-là l'explication de quelques phénomènes.

La chaleur que nous reſſentons, dépend beaucoup plus des émanations de la chaleur centrale que de l'action du ſoleil ; & d'après cela, les pays du Nord devroient être ſujets à un froid beaucoup plus foible que celui qu'ils éprouvent (1). Mais la diminution de la chaleur qui dépend du ſoleil dans des pays où l'air eſt plus déphlogiſtiqué qu'ailleurs, doit ſuffire pour produire d'abord de la neige & pour geler la ſurface de la terre : la neige & la terre gelée doivent s'oppoſer aux émanations de la chaleur centrale, & l'effet doit augmenter avec la cauſe.

(1) Voyez Hiſt. Natur. tom. I. & Supplém. tom. II. Voyez auſſi les Mémoires donnés par Mr. de Mairan, à l'Académie des Scienc.

Croiroit-on que ces peuples (les Eskimaux), dit un philoſophe célèbre, (1), *paſſent l'hiver ſous des hutes conſtruites à la hâte de cailloux liés entr'eux par un ciment de glace, ſans autre feu que celui d'une lampe allumée au milieu de la cabane, pour y faire cuire le gibier & le poiſſon dont ils ſe nourriſſent.*

La chaleur qui émane de leur corps & de leur lumiere, eſt retenue par les matériaux glacés dont ils ſe ſont ſervis, & ils ſouffrent moins du froid que les Académiciens François qui faiſoient de grands feux en Laponie : car un grand feu établit néceſſairement un grand courant d'air qui vient vous geler d'un côté, tandis que le feu vous brûle d'un autre : D'où vient que les poëles qui n'exigent qu'un petit courant d'air, échauffent bien mieux que les cheminées.

(1) Hiſt. Philoſ. & Polit. du commerc. des Européens, dans les deux Indes, tom. VI.

C'eſt au même principe qu'eſt dû cette qualité des habillemens qui nous les fait appeller chauds, tels ſont la ſoye & la laine; comme le verre eſt éminemment électrique, des vêtemens tiſſus de fils de verre ſeroient les plus chauds.

Mais voilà une digreſſion trop ſyſtématique & trop éloignée de mon ſujet : finiſſons : pour quelques obſervations, ferois-je un gros livre ? L'on écrit vingt volumes pour chaque pas que font les Sciences : manie bien nuiſible à leurs progrès !

Je ferai cependant remarquer que l'air vitriolique de Mr. Prieſtley, n'eſt que l'acide ſulphureux volatil en vapeur : il auroit dû être moins ſurpris de ce que cette vapeur a de l'infériorité dans ſes affinités, rélativement aux acides nitreux & marins : il y a long-tems que les Chymiſtes ſavent que tel eſt le caractère de l'acide ſulphureux. Ce qu'il y a de vraiment ſurprenant, c'eſt que l'acide marin en vapeur décompoſe les ſels nitreux.

L'acide ſulphureux, l'acide marin, l'acide acéteux, l'acide ſpathique & l'alkali volatil me paroiſſent, lorſqu'ils ſont en vapeur, avoir beſoin de ſe ſaturer d'eau pour reprendre leur forme accoutumée, comme la vapeur d'acide nitreux a beſoin d'air.

Je ferai encore remarquer qu'il ſe forme réellement un peu d'acide ſulphureux dans l'opération, par laquelle on obtient l'acide ſpathique; il paſſe même dans le récipient un peu d'acide vitriolique; mais la plus grande partie n'eſt pas moins un acide très différent de l'acide vitriolique (1). Si l'on ſature cet acide d'alkali minéral, il ſe forme un ſel dont les criſtaux petits & tranſparens, approchent pour la figure de ceux du ſel marin; mais dont la ſolubilité & les autres propriétés ſont tout-à-fait différentes. J'avoue que les eſſais que j'ai faits ſur cet acide, me font pancher à le regarder comme un acide particulier.

(1) Prieſtley, vol. II. of te fluor acid air.

J'ai osé combattre quelques opinions de Mr. de Buffon, & personne n'admire plus que moi ce grand homme. Ceux qui recherchent la vérité, doivent écrire leur façon de penser sans fiel & sans ménagement.

FIN.

www.ingramcontent.com/pod-product-compliance
Lightning Source LLC
LaVergne TN
LVHW011957160826
845678LV00002B/580